脱贫攻坚产业振兴图书

油麻鸡
生态养殖技术图册

袁立岗 主编

中国农业科学技术出版社

图书在版编目（CIP）数据

油麻鸡生态养殖技术图册 / 袁立岗主编. --北京：中国农业
科学技术出版社，2022.10
ISBN 978-7-5116-5970-5

Ⅰ.①油… Ⅱ.①袁… Ⅲ.①鸡－饲养管理 Ⅳ.①S831.4

中国版本图书馆CIP数据核字（2022）第 192756 号

责任编辑　崔改泵
责任校对　王　彦
责任印制　姜义伟　王思文

出 版 者　中国农业科学技术出版社
　　　　　北京市中关村南大街 12 号　　邮编：100081
电　　话　（010）82109194（编辑室）　　（010）82109702（发行部）
　　　　　（010）82109709（读者服务部）
网　　址　https://castp.caas.cn
经 销 者　各地新华书店
印 刷 者　北京地大彩印有限公司
开　　本　148 mm×210 mm　1/32
印　　张　2.75
字　　数　76 千字
版　　次　2022 年 10 月第 1 版　　2022 年 10 月第 1 次印刷
定　　价　28.00 元

《油麻鸡生态养殖技术图册》
编委会

主　编：袁立岗

副主编：蒲敬伟　石　琴

编　者：袁立岗　蒲敬伟　石　琴　刘金玲

　　　　钟　玲　徐建平

油麻鸡是新疆地方品种拜城油鸡与麻羽肉鸡经过三代级进杂交而培育出的新品系鸡，抗逆性强，生长速度较快。商品代的油麻鸡不但遗传了拜城油鸡抗病力强、成活率高、食草性好、耐粗饲的性能，而且在羽色、冠型、腿胫、青脚等方面，也遗传了拜城油鸡独有的外貌特征。在生长速度方面，遗传了麻羽肉鸡生长速度快、体型较大以及出栏体重大的性能，放养120日龄，母鸡体重达到2.2kg以上，公鸡达到2.5kg以上，屠宰率母鸡达到91%，公鸡达到87%。在肌肉品质方面，肌肉中各种营养成分含量较高，屠宰后皮下脂肪厚，肌肉脂肪含量较高，食用时香味较浓。

近些年，绿色健康生态鸡备受消费者喜爱，新疆广大农牧民利用果园、草地、大田、山地、林地等自然资源发展生态养鸡越来越多，但是一直受到品种、技术的制约。"祖传"几百年的地方土鸡品种虽然适应性强，鸡肉品质优，但生长速度慢，出栏体重轻，供种不足，也没有形成集中繁育的供种平台和技术体系标准。而新的肉鸡品种，虽然生长速度较快，体重较大，供种体系健全，但抗病力和鸡肉品质较差，特别是不适于放牧饲养。油麻鸡的选育正是填补了这些缺陷，不但遗传了各自的优势，而且建立了规模化饲养的供种平台，解决了区域内土鸡品种不优、供种能力不足的生产瓶颈，也为农牧区大力发展生态养鸡建立了配套的技术体系。

为了助力乡村振兴，巩固脱贫攻坚成果，发展土鸡规模养殖，提高农牧民收入，参与油麻鸡选育的科研人员精心编写了《油麻鸡生态养殖技术图册》。本书结合油麻鸡的生理特征，分12个部分详细介绍了油麻鸡育雏、放牧的饲养技术和疫病预防技术，并根据不同区域、不同季节、不同气候特点、不同饲养环境，总结了油麻鸡的管理技术，图文并茂，通俗易懂，紧扣生产实际，系统性、实操性强，是广大农村技术人员以及农牧民饲养油麻鸡的技术指导性材料。

由于编者水平有限，书中难免会出现一些纰漏，希望广大读者见谅，相信今后随着优选优育水平的提高，油麻鸡的性能参数也会提高。在此特别感谢对该书编写给予支持的油麻鸡示范户和新疆生产建设兵团第十二师科技局。

编　者

2022年2月18日

目 录

CONTENTS

品种来源和品种介绍

1. 拜城油鸡

拜城油鸡是新疆维吾尔自治区（简称新疆）特有的肉蛋兼用型地方品种（图1-1），原产于新疆阿克苏地区拜城县，2010年1月15日首次被列入《国家畜禽遗传资源名录》，分高脚型与矮脚型（均为青色），冠型以单冠、玫瑰冠和豆冠为主，母鸡羽色以褐色为主，公鸡以红黄二色为主。抗病力强、灵活、食草性好、耐粗饲、耐寒，肉质细嫩，香味浓郁，营养丰富，但生长速度慢，体重较轻，适于在野外林下草地生态养殖。

图1-1　拜城油鸡

2. 麻羽肉鸡

目前本地饲养量较大的麻羽肉鸡主要以青脚黑麻鸡（图1-2）和黄麻鸡为主，羽毛丰满，羽色鲜亮，生长速度快，饲料报酬高，出栏体重大，产肉性能高，适于圈养。

图1-2　麻羽肉鸡

3. 油麻鸡

油麻鸡是拜城油鸡与青脚黑麻鸡杂交的后代，遗传性能稳定，不但具有土鸡的外貌特征，鸡肉品质优，而且生长速度较快，适应性好，成活率高，

图1-3　林下油麻鸡

特别是耐寒冷和高温应激，其食草性能好，节约粮食，野外生存能力强，适于放牧。饲养油麻鸡成本低，效益好（图1-3至图1-5）。

图1-4　草地油麻鸡

图1-5　油麻鸡屠宰率测定

二 饲养方式

1. 育雏方式

舍内育雏期的饲养方式采用笼养育雏或平养（网上或地面）育雏（图2-1、图2-2）。

（1）笼养：采用笼养育雏，注意上下层温度、光照、饲料量均匀，及时清理粪便，保持通风换气。

（2）平养：采用平养育雏，地面要铺垫料，垫料应吸水性好、无污染、无霉变。饲养期间要保持垫料干燥、防止浸水，并及时清除潮湿垫料。高床育雏，床距地面一般50～80cm，坚

图2-1　地面平养

固可站人，床上铺小孔塑料网，为了保温也可在网上垫5～10cm麦草。地面育雏可在地面上铺10～20cm麦草（锯末、刨花等），可起到保温作用，防止低温潮湿引起的鸡白痢、呼吸道病及球虫病发生。

图2-2　网上平养

2. 放牧方式

（1）果园放牧：可利用苹果园、桃园、枣园、杏园、葡萄园等养鸡，起到"树上有果，树下有鸡"双增收（图2-3、图2-4）。

图2-3　红枣园放牧油麻鸡

图2-4　果园放牧油麻鸡

（2）林地放牧：利用各种条田林、苗木林、绿化林等养鸡，也可起到除草、防虫作用（图2-5）。

图2-5　林地放牧油麻鸡

（3）山地放牧：利用丘陵、山地养鸡，可增加放牧鸡的活动量，提高鸡肉品质（图2-6）。

图2-6　山地放牧油麻鸡

（4）草场放牧：利用原始草场或人工草场养鸡，可提高草地资源利用率（图2-7、图2-8）。

图2-7　油麻鸡在草场采食　　　　　图2-8　草场放牧油麻鸡

（5）大田放牧：利用收割后的麦田、稻田、谷地、玉米地等粮田，放养鸡可拣食被丢弃的粮食，降低饲养成本（图2-9）。

图2-9　大田放牧油麻鸡

（6）菜地放牧：因为油麻鸡的食草性好，可占日采食量的40%左右，所以在种植的叶菜或在收割后的菜地放牧，也有利于节约粮食，降低饲养成本，提高鸡肉品质（图2-10）。

图2-10　菜地放牧油麻鸡

三 进雏前准备

1. 育雏舍

育雏舍要求封闭、保温、防风、防雨、防鼠、防兽。规模化育雏舍，应建造固定的可长期、多次使用的较坚固的育雏房，分批育雏、分批转出，四季可用，取暖、通风、保温、冲洗、消毒等设施较好（图3-1、图3-2），每批育雏鸡1 000羽以上。小规模育雏每批500羽左右单元的，适于每户育雏，可在田间地头搭建临时育雏暖房。根据当地气候特点，临时育雏暖房应满足防风、防雨要求，保温性能好且封闭要相对严密，除此之外，还要能防天敌偷袭。一般搭建于田间地头的育雏暖房，其优点是育雏结束后可直接就地放牧，不需转运，而且搭建于田间地头的育雏舍还可作为放牧期防风、防雨、防晒、预防灾害等应激以及夜晚栖息和集中补饲、补水点。

图3-1 育雏舍的饮水、饲喂设备

图3-2 育雏舍及设施设备

2. 育雏设施、设备

笼养方式要准备好育雏笼、安装好乳头式饮水管（图3-3）。高床平养，要架好网板、铺好塑料网、调试好饮水器。地面平养育雏要铺好干净无霉菌的垫料（麦草）。安装好灯泡（并搽拭干净）、准备好洗消干净的开食盘、饮水器（图3-4）。备好供暖系统（火炉、育雏保温伞等）、储水桶、烧水锅（壶）、水瓢等（图3-5、图3-6）。进雏前一天舍内温度要达到30℃左右，储备凉开水30L（视育雏量而定）。自动加水线和料线要在进雏前安装调试好。

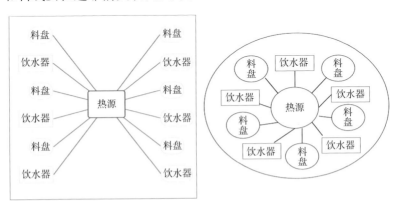

图3-3 饮水器和料盘摆放位置

图3-4 饮水器和料盘　　图3-5 乳头式饮水管　　图3-6 育雏烧开水

3. 育雏鸡舍消毒

进雏前10天，须准备好育雏舍，计算好饲养面积和进雏数量，彻底清扫房子，将舍内杂物、垃圾清除干净，规模育雏舍（水泥地、水泥墙）遵循清扫—高压冲洗—消毒液喷洒—封闭熏蒸等步骤，消毒液可用火碱、戊二醛等，封闭熏蒸可用甲醛（福尔马林）或过氧乙酸。根据育雏舍的污染程度选择不同熏蒸浓度（等级）（表3-1），福尔马林熏蒸时舍内温度应≥24℃，相对湿度在75%~80%，熏蒸后封闭1~2天（最好在进雏前2天打开门窗，通风换气）。小规模搭建的田间地头临时育雏舍，也必须彻底清扫灰尘、粪便，然后喷洒消毒液，应用两种不同的消毒液交替喷洒两次以上，相互间隔4小时左右（待上次所喷洒的消毒液蒸发后），然后封闭熏蒸1~2天。无论规模育雏舍还是临时育雏舍，熏蒸前将育雏用具、麦草、工作衣等一并喷洒消毒和熏蒸，消毒后的净化舍待用进雏。一并熏蒸的开食器、饮水器要计算好用量，并清洗干净，用消毒液洗消后要用干净水或凉开水再次冲洗。不同熏蒸浓度药物使用量见表3-1。

表3-1 不同熏蒸等级福尔马林使用量

消毒级别	Ⅰ级	Ⅱ级	Ⅲ级
福尔马林（mL/m³）	14	28	42
温度（℃）	≥24	≥24	≥24
湿度（%）	≥75	≥75	≥75

进雏前1～2天，打开封闭舍，备足育雏料，架好火炉，进雏前2小时备足凉开水（水温25～30℃）待用，舍内温度达到30℃。

4. 物品

雏鸡饲料按每只小鸡1kg（42天左右）储备（图3-7），准备适量预防呼吸道和消化道的抗菌药以及地面、环境等带鸡消毒的药品（图3-8），备好舍内专用工作衣、工作鞋等物品。

图3-7 育雏期饲料　　　　　图3-8 育雏用药品

四 引种

1. 选雏

在孵化场选雏鸡时，首先确认小鸡出壳后厂家已免疫过马立克疫苗，然后开始选雏（图4-1）。选雏鸡的原则和步骤：一是剔除病弱残鸡。二是选择卵黄吸收好，羽毛干净、没有相互粘连、肛门干净、没有粪便糊肛。三是小鸡羽毛光亮、腿爪湿润，不是脱水鸡（不发干、不脱毛）。四是眼睛明亮，抓在手中叫声清脆、有挣脱感。五是大小均匀、无杂羽鸡苗，每只小鸡35g左右（图4-2）。

图4-1 选雏

图4-2 油麻鸡雏鸡

2. 运雏

最好用专用空调车（图4-3），车内温度保持30℃左右，做好通风换气。用专用雏鸡装运纸箱，非专用箱子要在箱子周围四面制造足够的通气小孔。专用雏鸡装运箱（图4-4），每一个装鸡102只，且中间用隔板分成4个小区。非专用纸箱装鸡不能装得太多，每个不可超过100只，防止运输过程中颠簸挤压。装有小鸡的箱子装车时，箱子之间不可紧簇，周围要留有一定空隙，利于通气。冬季拉运防止小鸡着凉感冒，夏季拉运防止空气不畅导致小鸡窒息，短途敞车拉运防止小鸡吹风。拉运车辆要提前做好消毒。在运输过程中防止剧烈颠簸和急刹车，始终保持车内空气流通。防暑、防风、防冻、防暴晒，防止小鸡"闷仓"死亡或感冒、脱水。

图4-3　运雏用车　　　　　图4-4　专用雏鸡装运箱运雏

3. 放雏

进圈后，按舍内大小、布局均匀分配数量。放好装鸡箱子，清点数量（图4-5）。一般1~7日龄300~500只为一个饲养小单元。抽查箱子里的雏鸡数。一般每箱装雏鸡102只，抽查完后，记录箱子数和抽查的鸡数，然后打开全部装鸡箱，将雏鸡放置灯光下。将死鸡捡出，清点死亡小鸡数量并记录，然后装箱拍照，拍照完后拿到鸡舍外统一销毁。油麻鸡孵化出壳后10～24小时禁食禁水，以利充分排泄。

图4-5　清点雏鸡

五

育雏期防疫

1. 消毒

育雏舍门口要有消毒设施（消毒盆或消毒湿布、喷雾器等），进出要消毒。育雏期间每天要带鸡消毒1～2次，特别是集中免疫后要进行一次舍内带鸡消毒（图5-1）。消毒药品要定期更换。每次带鸡消毒时喷雾器不可对准鸡头喷洒。饲养员、防疫人员进舍和出舍要消毒，接触鸡前后须洗手、消毒。鸡舍周围、门口每周定期用2%～3%火碱等消毒1～2次。育雏场所及周围生活区禁止养狗，防止野狗出入，定期灭鼠，防止野鸟飞入。

图5-1　带鸡消毒

2. 免疫

预防免疫的主要病是：马立克氏病、高致病性禽流感、鸡新城疫、鸡传染性法氏囊病、传染性支气管炎（肾性传支）等，有的地方需要对鸡痘等进行预防。建议免疫程序见表5-1。免疫方法见图5-2至图5-5。

表5-1　油麻鸡参考免疫程序

日龄	预防疾病	疫苗种类	免疫剂量	免疫方法
1	马立克氏病	马立克液氮苗	0.25mL/只（1头/日）	颈部皮下注射
5	新城疫、传染性支气管炎	新城疫-传支H120二联冻干苗	1羽份	滴鼻或点眼
12	传染性法氏囊病	法氏囊冻干苗	1.5倍羽份	饮水
16	（新城疫）禽流感	新城疫-禽流感二联冻干苗	1羽份	滴鼻或点眼
21	（鸡痘）	鸡痘冻干苗	1羽份	翼膜刺种
26	传染性法氏囊病	法氏囊冻干苗	2羽份	饮水
32	新城疫+传染性支气管炎	新城疫+传支H52二联冻干苗	1羽份	滴鼻或点眼
40	新城疫、禽流感	新城疫+禽流感二联灭活苗	0.5mL/只	皮下或肌内注射

免疫要求：

马立克氏病　一般在小鸡出壳后24小时内由孵化厂免疫，目前多用CV1988液氮苗，最好一出壳就免疫（越早越好），每瓶疫苗稀释好后，2小时内用完。

鸡新城疫 用冻干疫苗或灭活疫苗。免疫次数一般为2~3次，最后一次新城疫免疫，采用油乳剂灭活苗每头份0.5mL剂量。免疫方法：活疫苗采用滴鼻或点眼，灭活疫苗采用皮下或肌内注射。

禽流感 用灭活疫苗免2次。首次半量，第二次免疫在育雏期末，用全量即每头份0.5mL剂量。

传染性支气管炎 预防免疫多与新城疫一起进行，常用二联苗免疫，包括H120和H52株，育雏期进行二次滴鼻或点眼。

传染性法氏囊病 用加倍量饮水免疫，免疫前对鸡群进行控水，夏天控水时间较短，冬天较长，时间长短主要是保证鸡能在30~60分钟内喝完疫苗水，每只鸡都要有足够的水位，保证同时都能喝上疫苗水，供免疫用的饮水器使用前用清洁水洗刷干净（禁用消毒液），水温不能太高（常温即可），最好用凉开水或未加漂白粉的新鲜井水，根据免疫鸡数量，计算好疫苗和用水量，疫苗须放在水中打开瓶盖。

鸡痘 在翼翅刺种免疫。育雏期免疫1次，育成期有必要可在100天左右进行第2次免疫。

图5-2 点眼　　　　　　图5-3 滴鼻

图5-4　颈部皮下注射

免疫效果检测：

为了确定免疫的效果，在育雏期末放牧之前应对法氏囊、新城疫、高致病性禽流感的免疫效果进行监测（图5-6），500只为一个饲养单元的鸡，采血抽测20～30份，大于500只的群，按照5%左右比例采样抽测，不分大小随机抽样。法氏囊免疫后的阳性率达到70%以上，新城疫、禽流感免疫抗体达到70%以上保护率，这样在整个放牧期，抗体水平仍能达到一定的保护作用。达不到标准要求的必须进行补免。

图5-5　疫苗免疫　　　　　图5-6　实验室监测

六 育雏期饲养管理

　　小鸡苗进舍后，禁水禁食2小时左右（图6-1），使之相对安静并适应环境后方可供水，待供水2～3小时后，再逐步开食喂料。育雏期饲喂实行少喂勤添的原则（每天喂料6次）。为了减少应激，水（凉开水）的温度应为20～30℃（与舍内环境温度一致）。在此期间如果巡视发现有小鸡喝不上水或不会喝水而出现脱水现象，可进行人工强制饮水。用手抓住鸡头，使鸡嘴反复沾水，脱水鸡紧急补水的水中可加入一定量的电解质。

图6-1　禁水禁食

1. 饲养管理标准

育雏期饲养管理标准见表6-1。油麻鸡雏鸡管理场景见图6-2至图6-4。

表6-1　育雏期的饲养管理标准

周龄	饲养单元（只）	密度（只/m²）		饮水器数（个）	料桶数量（个）	光照标准（小时）	温度（℃）	空气相对湿度（%）
		笼养	平养					
1	500	≤50	≤50	10	10	22～24	30～32	65～70
2	500	≤40	≤40	12	12	22	28～30	65
3	500	≤30	≤30	14	14	20	26～28	55～60
4	500	≤30	≤20	14	14	18	24～26	50～55
5	500	≤30	≤10	15	15	16	22～24	50
6	500	≤30	≤10	15	15	14	20～22	50

图6-2　密度适中　　图6-3　密度相对适中　　图6-4　密度太大引起啄羽

因为油麻鸡从小就表现出生长速度比油鸡快、比麻羽鸡慢的特性，而且遗传了油鸡好动、喜飞跃、奔跑等特征，因此随着日龄增大，要及时疏群，特别是育雏后期密度一定要小。油麻鸡抗寒能力强，因此育雏温度要比一般品种鸡低2~3℃，而且适应环境温度能力较强，脱温较快，高温育雏时间较短。每日饲喂量、成活率、周体重见表6-2。饲喂肉鸡小鸡育雏料6周龄末，平均母鸡可达到460g左右、公鸡650g左右。

表6-2　育雏期饲喂增重标准

周龄	平均日饲喂量（g）	累计饲喂量（g）	成活率（%）	周体重（g）	
				母鸡	公鸡
1	8~10	70	99	63	66
2	13	91	98	100	112
3	18	126	98	160	220
4	25	175	98	240	350
5	33	231	97	330	455
6	42	294	97	460	650

注：育雏期为公鸡、母鸡混合饲养，平均公鸡和母鸡1日龄体重34g。

2. 饲料营养

油麻鸡目前还没有制定出适宜其生理、生长需要的饲料营养标准。根据土鸡饲养的标准，饲料营养应介于商品肉鸡与商品蛋鸡之间，其对营养的需要比饲养商品蛋鸡营养水平高，比商品肉鸡营养水平低，如果饲喂蛋鸡育雏料则达不到其生长发育的营养要求，生长速度表现较慢，如果饲喂肉鸡育雏料，其营养水平较高，生长速度较快，但不利于土鸡性能的表现，因此根据其生长特性，建议在育雏期使用"肉杂鸡"的饲料配方（表6-3）。

表6-3　肉杂鸡育雏料营养标准　　（单位：%）

粗蛋白质	粗纤维	钙	总磷	粗灰分	氯化钠	水分	蛋氨酸、胱氨酸
14.0	10.0	0.80～1.30	0.50	9.0	0.15～0.80	13.8	0.51

3.饲喂方法

少喂勤添，第1周每天饲喂5～6次，每次间隔4小时，每次1～2.5小时采食干净；第2周每天饲喂4～5次，每4～5小时一次；第3周以后每天饲喂2～4次。第1周用开食盘喂料，开食盘每天应清扫干净鸡粪。用纸糊的开食垫，每天须换一次，换去的纸糊垫用火烧销毁。第7～10天开始逐渐换成小号料桶，料桶中加料每次不超过料桶的2/3，饮水器、料桶中的饲料面和水面应高出鸡背2cm为宜，随着日龄增大要随时调整高度（图6-5）。料线、水线饲喂，饮水的次数、高度、喂料量与料桶饲喂标准一样（图6-6）。

图6-5　料桶饲喂　　　　　图6-6　料线饲喂

4. 光照要求

鸡群密度较大时（30只/m²以上），光线不能太强，防止啄羽、啄肛、打斗。光线强度控制在50lx以内，能看到饮水、采食即可，一般用15～25W灯泡，灯泡间平均距离2m左右，灯高距鸡背2～2.5m（图6-7）。平时常用干抹布擦拭灯泡上的灰尘。饲养人员在添加饲料、换水或带鸡消毒、免疫抓鸡时尽量不碰撞灯头，以免惊群，引起压堆造成死亡。

图6-7　适宜光照

5. 饮水要求

在育雏期应一直保持用凉开水喂鸡（图6-8），可防止消化道疾病，减少用药。雏鸡正常饮水量见表6-4。保持饮水器、饮水线储存水箱的洁净，饮水器每2～4天最好用高锰酸钾水或次氯酸等无害消毒水洗刷一次，防止鸡舍内温度高而

图6-8　烧开水

滋生细菌，每次洗刷完后再用清水或凉开水冲洗干净。饮水器要经常有水（图6-9至图6-11），防止由于舍内温度高且缺水，引起鸡脱水而在供水后暴饮。每次灌水不超过饮水器的2/3。

表6-4　雏鸡正常饮水量

周龄	1～2	3	4	5	6
饮水量［mL/（天·只）］	自由饮水	40～50	45～55	55～65	65～75

图6-9　壶式饮水器　　图6-10　自动饮水器

图6-11　吊式自动饮水器

6. 湿度要求

育雏舍最适湿度在55%～65%，低于30%舍内干燥，大于75%湿度偏大。夏季由于环境气温高，湿度一般为30%～50%，特别是新疆南疆和田地区、吐鲁番地区环境气温干燥，5—8月育雏不但舍内温度高而且湿度低，一般都小于30%，不利于小鸡生长。湿度过低时，育雏舍可通过在空气中喷水雾、地面洒水、饮水器中加入适当电解质等调节环境和机体机能。而北疆地区冬季（10月—翌年4月）舍内湿度往往大于65%，如果舍内湿度持续较高，易引起小鸡呼吸道病、消化道病和球虫病。湿度过高时，通过加热提高舍内温度，打开窗户加大舍内通风，从而降低舍内湿度（图6-12）。

图6-12　保持适宜湿度

7. 分群管理

每天巡视鸡群，及时挑出死鸡，死鸡要焚烧处理，禁止喂狗。及时挑出病弱鸡，分群管理。从第3周起，每日挑选大小鸡分栏饲喂，淘汰病弱残鸡。随着日龄增大、体重增大，应按照大小、强弱、公母适时分群（图6-13、图6-14），降低密度。对病弱鸡可在饲料或饮水中适当加入一定量的抗生素、添加剂等预防疾病和扶壮。

图6-13　母鸡群

图6-14 公鸡群

8.防火、防烟安全

鸡舍主要的火灾隐患是电线打火、供热炉、电散热片等引起的垫料、木架等着火，因此要防止电线老化、避免负荷过大引起电线短路、自燃以及电源插座安装不规范引起的短路，其次是垫料距火炉、烟道太近而引起明火，煤烟中毒主要是湿垫料被烤而引起的阴火冒烟以及火炉出烟不畅引起的一氧化碳中毒等。因此要消除隐患，饲养员要勤检查并配备灭火器（图6-15）。

图6-15 配备灭火器

9.日常记录

每日记录死亡鸡数、喂料量、消毒情况，定期抽测生长体重（5%～10%），记录好每次的免疫时间、疫苗名称、免疫方法、疫苗厂家、剂量等（图6-16）。记录每次的预防用药时间、药物名称、预防疾病。

油麻鸡育雏期间记录表 （单位：只，g）

日龄	存栏数	死亡数	增料量	平均体重	带鸡消毒次数	免疫疫苗	免疫方法	疫苗厂家	免疫剂量	其他	记录人
1											
2											
3											
4											
5											
6											
7											
8											
9											
10											
11											
12											
13											
14											
15											
16											
17											
18											
19											
20											
21											
22											
23											
24											
25											
26											
27											
28											
29											
30											
31											
32											
33											
34											
35											
36											
37											
38											
39											
40											
41											
42											
43											
合计											

图6-16 日常记录表

 培育健康合格的"脱温"鸡是油麻鸡成功放养的基础，通过精心育雏、科学管理，育雏期末公鸡体重平均应达到550～650g，母鸡体重平均应达到450～550g，公鸡、母鸡均匀度达到70%以上，合格率在95%左右（图6-17、图6-18）。只有健康、合格的育成鸡才能适应放牧饲养的环境。

图6-17 脱温鸡   图6-18 育雏后期

七 放牧前准备

1. 放牧鸡的选择

（1）放牧时间与体重：由于受外界自然环境、气候变化的影响，油麻鸡的放牧时间应选择在育成阶段，即42天（7周龄）以后，母鸡体重应大于450g，公鸡体重应大于550g（图7-1），而且公鸡、母鸡整群体重均匀度应达到70%以上。

图7-1 测体重

（2）健康要求：在育雏期（42日龄前）必须对鸡马立克、新城疫、禽流感、法氏囊、传染性支气管炎等主要病毒性疾病进行疫苗免疫，免疫有效率达到100%。放牧前要通过对禽流感、新城疫免疫效果进行抽测（图7-2、图7-3），群体抗体合格率应达到70%以上。

图7-2　采血　　　　　图7-3　实验室抗体监测

（3）挑选放牧鸡：放牧前对所要放牧的鸡群进行挑选（图7-4、图7-5），挑选的要求是：淘汰体重不达标的鸡，淘汰病鸡、弱鸡、残鸡，如白痢鸡（肛门羽毛沾有粪便）、大肠杆菌病鸡（拉稀），精神萎靡、羽毛凌乱不洁、有呼吸窘迫症状以及嘴歪、趾腿残疾的鸡。

图7-4　放牧油麻鸡　　　　图7-5　适宜放牧油麻鸡

（4）分群与组群：根据大小、公母、不同放牧环境、放牧条件组群（图7-6、图7-7）。

单元规模　在果林放牧，根据果林面积大小，一个放牧单元300～500只为宜，并根据下蛋与产肉的不同用途，公母分群；在大田、草地、山地等面积较大的空旷地域放牧，一个放牧单元也可为1 000只左右，超过2 000只就不便于管理。

分群与组群　目的是避免不同日龄、不同体重、不同性别、不同批次、不同品种、不同育雏鸡来源混养（图7-8），不利于防疫，也不利于饲养管理及成鸡出售。

图7-6　公鸡群

图7-7　母鸡群

图7-8　不同品种鸡混养

2. 放牧地点选择

（1）牧地条件要求：远离污染源，如工厂、生活区、垃圾场、病死鸡处理厂以及有可能被病原污染的地方等。良好的生态环境，水质、土质、空气符合生态标准而且方便利用。水草较丰盛，活动空间大，野外自然食物供应充足，如青草、树叶、昆虫、草籽等；空气新鲜，有充足的阳光，既可满足采食鲜草，也可防晒防暑。一般农区放牧地主要有：林地放牧如自然林、苗木林、绿化林、道路林；果园地放牧如枣林、桃林、桑园、苹果园、葡萄园等各种高杆果林；大田放牧主要是麦田、稻田、棉田、玉米田、高粱田、菜地等；草原放牧主要是天然牧场、人工草场等；山区放牧主要是山坡、林地等（图7-9、图7-10）。这些放牧场地均适于油麻鸡的饲养。交通方便，有利于宣传和出售。

图7-9 适于油麻鸡放牧的林地

图7-10　林下草地放牧的油麻鸡

（2）防毒防害：选择放牧的林地、园地、山地及大田等，禁止喷洒除草剂、灭虫农药、灭鼠药等，有条件也可设置围网（栏），防止丢失或兽害（图7-11）。

图7-11　围网

3. 放牧设施的配置

（1）栖息棚舍：主要作用是防风、防雨、防沙尘，夏季防晒，冬季保温等防止气象灾害等应激，可以是永久性固定式鸡舍，也可以是简易型棚舍或大棚（图7-12至图7-16）。

图7-12　利用树干架设的　　　图7-13　林地地头建设的防雨棚
　　　　　防晒网

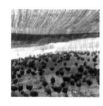

图7-14　防晒网　图7-15　地头防雨棚　图7-16　大棚栖息舍

固定式棚舍　多是育雏和放牧两用，一般建在放牧地边（附近）的上风处，舍内地面比舍外高30～50cm，周围有排水沟。建筑面积视每批饲养量决定。饲养密度10～15只/m²，300～500只为一个饲养单元。砖木结构坚固，隔热性能好，舍内有栖息架，栖息架可以是阶梯型木棍，也可以是平行杠，排列有序（图7-17、图7-18）。每只鸡应有栖息架20cm左右。

图7-17　棚圈内栖息架　　　　　图7-18　地头
　　　　　　　　　　　　　　　　　　固定的栖息棚

简易型棚舍　最好能移动，多用支架、竹木、油布、防晒网、草帘等搭建（图7-19、图7-20）。可建在放牧地地头、地中，在轮牧过程中可移动，根据季节不同可更换盖布，在设计方面，少数民族所用的蒙古包（金字塔形）比较方便。

图7-19　林下防晒棚　　　　图7-20　遮阳网

塑料大棚式　养鸡成本较低，在通风、取暖、光照方面具有优势（图7-21）。冬季棚内温度比外界高5~10℃，夏季用厚草帘盖住比外界温度可低3~5℃，根据季节变化以及放牧鸡的日龄，要适时更换盖布，冬季防潮，做好舍内通风。

图7-21　大棚放养

（2）设备配置：放牧期配备的设备主要是补饲料桶或料槽、饮水器或管道式饮水线以及隔离网等（图7-22、图7-23）。

图7-22　铁皮补饲槽

图7-23　补饲料桶

料桶或料槽　数量10~20只鸡一个，料槽长度每8~10cm一个槽位（根据饲养量计算所需数量或长度），均匀整齐放置。料桶或料槽距地面的高度与鸡站立时肩背高平行（图7-24），料桶规格4~10kg，太大或太小都不利于放牧鸡快速、均匀地采食（图7-25）。放牧期的料槽规格底宽10~15cm，上口宽15~18cm，料槽高10~12cm，料槽长110~120cm，为防止料槽被鸡踩翻，应加以固定摆放（图7-26）。

图7-24　料槽

图7-25　料桶

图7-26 补饲及料槽

饮水器 壶式饮水器规格一般3～5kg（图7-27），数量是料槽摆放数量的1/2左右。乳头式饮水器可将水桶放于离地3m的支架上，用直径2cm的塑料管每隔一定长度安装一个乳头式饮水器（图7-28）。壶式饮水器易污染、易耗损、易翻倒，因此要定期清洗。乳头饮水器节约水、便于投药、不需要清洗、节约人工。无论壶式饮水器还是乳头式饮水器，都应防止暴晒，均应置于阴凉处或棚下。也可利用水平水盆补饲或作为饮水器，但要算好数量，确保每只鸡能及时采食或饮水。

图7-27 饮水壶

图7-28 饮水线

围栏或围网　有条件的可以在放牧地边缘建造围栏或围网，防止放牧鸡走失，防止兽害，也可利用围网筑栏进行有序轮牧（图7-29、图7-30）。

图7-29　围网及围栏

图7-30　围网

4. 补饲点与放牧天气要求

（1）补饲点的设置：为了驯养放牧鸡能按时归巢，补饲点一般设在栖息地处，在棚舍内或紧临棚舍处放置固定的料桶、料槽或在固定处、固定时间设置补饲点，投以原粮或配合饲料、青草等，要有防雨、防风沙等条件（图7-31）。

图7-31　油麻鸡补饲点

（2）牧地气候条件要求：虽然油麻鸡对气候的适应性较其他品种鸡强，但极度严寒和极度炎热的天气都不利于其生长，放养期油麻鸡最适气温为18～22℃。在高温天气放牧，麻油鸡最高体温应不超过42℃，45℃以上的炎热天气，如果防暑条件差可造成群发性中暑死亡或急性禽霍乱发生，炎热天气季节可选择早晚放牧。油麻鸡虽然抗寒能力也比较强，冬季舍外温度较低时仍可产蛋，但气温较低时对其生长和生产性能有明显影响。根据不同地区的气候特点，放牧期最好选择日照长、无霜期短、降水量相对较少并避开极寒或极热天气以及雨季、风季、沙尘季节等（图7-32）。

（3）放牧季节选择：根据不同地区的季节变化及农作物生

图7-32 放牧油麻鸡

长收获时节，选择放牧最佳时间。如新疆南疆和吐鲁番地区应避开7—8月炎热暑天放牧，北疆阿勒泰地区应避开12月至翌年1月寒冷时节放牧。开春较早的地区应3月育雏，4月中旬放牧；开春较晚的地区应4月育雏，5月中旬放牧。果园应在5—6月挂果后放牧，防止鸡啄果。林地3—4月刚开春时放牧，虽然青草未长大但可有效预防虫害。大田应在收获后放牧，有利于拣食被遗弃的籽粒。山地、草场应在草长后的春末夏初放牧，过早易损坏草场。一年四季最好的放牧季节是秋季，青草泛黄之前，无论气候温度，还是草料、果籽以及大田收获后的遗粒、桑叶、葡萄叶等都是丰富的放牧鸡饲料（图7-33）。

图7-33 林下放牧的油麻鸡

八 放牧期管理

1. 放牧密度与规模

放牧密度一般根据放牧地环境和放牧方式、牧草资源的不同而不同。果园、山地、林地、草地等固定式放牧地（图8-1），放牧地面积有限，没条件实行轮牧放养的，密度应为每亩地20～80只，放牧半径100～500m，每群规模500只左右；而

图8-1　山地放牧油麻鸡

大田、草原放牧地由于面积大，实行轮牧放养，每群鸡的规模可在1 000只左右。固定区域内的放养鸡（舍外饲养如"庭院"等）可根据放养地大小，每平方米0.5只左右。密度小有利于放牧地植物再生，可减少疾病，也有利于放牧鸡充分运动。

2. 放牧鸡的调训

（1）放牧鸡的活动规律：放牧鸡一天中的生活习性主要是早出晚归。鸡在清晨出巢和傍晚归巢与太阳活动有密切关系，一般在日出前0.5～1小时出巢（舍），也就是天刚亮就出舍，日落后0.5～1小时归巢（天黑前），日出日落前后采食性最强，因此需要对放牧过程及出巢和归巢、补饲等行为进行调训，以使鸡群行动统一（图8-2、图8-3）。

图8-2　清晨自觉出巢　　　　图8-3　傍晚自觉归巢

（2）调训目的：调训主要是在特殊环境下给出特殊信号或指令，形成条件反射，产生习惯性行为，包括出巢、归巢、上架、补饲、饮水等，除此之外在遇到突变的天气或受到天敌侵害时，能迅速集结达到紧急避险的目的（图8-4至图8-6）。一般土鸡都具有好动、合群、认巢的习性，稍加调训便可养成习惯，而油麻鸡的好动性和上架就巢性更加突出。

图8-4　清晨诱导出巢　　图8-5　傍晚诱导　　图8-6　有害天气避险
　　　　　　　　　　　　　　　归巢

（3）调训的方式：发出柔和响亮的语言声音、敲打声或其他响声等，避免刺耳、尖叫声，持续时间可长可短（图8-7）。

图8-7　调训时口中连续发出"咕咕"声

（4）调训的方法：补饲、饮水调训时，一般边给料边给予信号（声音、敲打声），给料速度和时间要根据鸡是否全部到齐、是否都能采到饲料、是否吃饱为止。放牧和归巢调训初期，一般一个人在鸡群前面一边发出指令（语言或敲打声、口哨等），一边撒扬少量食物为诱饵引路，另一个人在后面驱赶，反复几日便可形成习性（图8-8）。

图8-8　归巢补饲（车的响声）

（5）调训的时间：放牧调训在天亮后日出前，归巢调训在天黑前落日后，补饲时间一般在归巢后上架前，每日时间要相对固定。

（6）调训的声音和口令：应固定不变（图8-9），不能今天敲盆、明天敲碗，今天是敲击声、明天是口哨声。一天中没有

图8-9　边撒料边发声

特殊情况不能反复多次发出指令，除非遇见天气突变，有天敌侵害时。归巢后每天要对放牧地进行巡视，防止迷失方向的个别鸡或病鸡、残鸡回不来（图8-10）。油麻鸡虽然基本不要上架调教，天性喜栖架上或树枝上，如果外界天气好无应激，果林树枝就是最好的栖息架，可在树下补饲（图8-11），并调训其在树枝上栖息。

图8-10　在树上栖息不归巢

图8-11　树下补饲

3. 补饲

补饲就是对放牧鸡进行补喂饲料，包括补饲精料、原粮、配合料、鲜草（叶）、瓜果等。为了满足放牧鸡生长发育需要，促进其生长，补饲是必要的。补饲要根据鸡的日龄、生长发育状况、草地资源、季节等决定补饲的时间、次数、饲料类型、补饲量和营养浓度等。在固定的料桶、料槽或者料盆中补饲减少浪费。禁止补饲发霉变质料，禁止喂剩饭，禁止将补饲料直接撒在地上。为有利于消化吸收，减少饲料浪费，可将原粮压碎、粉碎并添加其他杂粮、麸皮、葵渣等制成混合料补饲，或将草叶、补饲原料等混合制成颗粒饲喂（图8-12）。

图8-12　不同形式补饲

（1）补饲的次数：补饲次数多，不但不利于生长，而且饲养的效果差，易养成放牧鸡不愿去野外觅食，失去放养鸡的意义（图8-13）。油麻鸡一天补饲一次为宜，如果天气变化不能出巢，可增加一次，即早晚各一次补饲，一旦天气转好，须立即恢复放牧和一天一次补饲。园内散养鸡补饲次数每天2～3次。

图8-13　大部分鸡不采食

（2）补饲的时间：一般补饲时间安排在归巢后上架前，这一时期鸡食欲旺盛，野外觅食不饱的鸡也可以通过补饲得到满足，还有利于诱导归巢或减少巢外鸡，上架后通过一晚上栖息也有利于营养吸收而增重（图8-14）。禁止清晨补饲，不利于出巢。园内散养鸡补饲时间应以早晚为主。

图8-14　傍晚补饲

（3）补饲的量：应随着日龄的增大逐步加量，并根据野外觅食情况确定。每次补饲的量以多数鸡吃饱并停止采食为好，因此每次投料时，不要一次投完，应分多次投，边吃边投放料。也可根据定期抽测的体重变化，参考不同日龄的体重标准确定补饲量和饲料营养，高于体重标准时应适当减量，低于标准时应适当增加补饲量，与标准持平时应保持补饲量。禁止投入过量饲料，造成浪费（图8-15、图8-16）或者一次吃不完剩在料桶中。园内散养鸡完全靠补饲，因此应根据日龄和饲喂标准逐步增加补饲量。

图8-15　饲料过量致抛撒出料桶　　图8-16　饲料过量致抛撒出料槽

（4）补饲料的形态：分粒料（原粮）、粉料和颗粒料

（图8-17至图8-19）。粒料以未加工破碎的谷物为主（玉米、小麦、高粱、谷子、稻子等）。粉料即加工粉碎的原粮或单一或配合后制成混合料。颗粒料是将配合的粉料（有的在土鸡混合料中还加入青草、植物叶子）经颗粒机压制而成。颗粒料集中了粒料与粉料的优点，适口性好，营养全面，不易浪费。粒料（原粮）易饲喂、消化慢、耐饥饿，适于傍晚投喂，但营养不全。粉料可以根据鸡生理需要配制，营养较全，但鸡采食时速度较慢，容易浪费，喂粉料细度应在1~2.5mm。

图8-17 粉料

图8-18 粒料（原粮）

图8-19 补饲压破的原粮

4.补草

草中含有多种维生素及微量元素，喂草不但可以增加鸡的营养需要，而且还能使鸡肉更有风味。油麻鸡的食草性可以占到每日采食量的30%~50%。当野外青草、青菜、树叶不能满足其采食量时，为了减少饲料成本，或者防止过度放牧引起的生态破坏，人工采集青草、菜叶、树叶、萝卜丝等是完全必要的。要补饲青绿草，禁止补饲长干草防止堵塞嗉囊。人工喂草的方法有：

（1）直接投喂：将采集来的青草、青菜、树叶等直接投放，让其自由采食，有时浪费较大（图8-20、图8-21）。

图8-20　吃干净后的草秆　　　　　图8-21　补饲菜叶

（2）剁碎投喂：将采集到的青草、青菜、萝卜等用刀剁碎后放在料槽或料垫上饲喂，浪费少，采食速度快，所谓"长草短喂"利于吸收。

（3）打浆后与精料相伴饲喂：这种形式的补草，营养易流失，成本也较高。补草宜喂新鲜草，提高营养性和适口性。

5. 供水

充足的饮水是保证放牧鸡健康生长和生理需求所必需的，供水要求：

① 必须是新鲜的井水或自来水，禁止饮雨水、渠水、涝坝水、洗漱水、洗菜水等。

② 水管、饮水器不能在阳光下晒，易滋生细菌引起腹泻，应定期清洗。水线供水较好（图8-22）。

③ 饮水桶（器）中的水要经常更换，防止病原菌滋生，夏天一天换2~4次，每次剩水要倒去，鸡的集中活动场所不应蓄

积有雨水（图8-23）。

④供水量视天气、温度变化而确定。

图8-22　水线供水　　　　　　图8-23　不洁雨水

6. 放牧期的卫生要求

（1）做好隔离，全进全出：距居民区较近的要设置隔离设施。放牧点与育雏鸡要分离。人员车辆出入放牧点要消毒。饲养同一批次的鸡，全进全出，同批次鸡售完后方可再养（图8-24、图8-25）。

图8-24　出栏前　　　　　　　图8-25　出栏出售

（2）做好放牧点卫生：及时清除棚圈粪便及垃圾，粪便堆积发酵或直接还田，垃圾可用焚烧、深埋等方式进行处理。及时处理病死鸡，可深埋处理（图8-26）。每批鸡出栏后要对所使用的工具（料桶、食槽、饮水器等）、棚舍等清洗消毒。同一地点放养或散养，最好两批鸡相隔30天左右，保持放牧地干净卫生无生活垃圾。防止饲料雨淋潮湿发霉变质。防止饮水污染。

图8-26　保持放牧点卫生

九　疾病与灾害预防

1. 疾病预防

加强饲养管理，不喂发霉变质饲料。不饮被污染的水。防止各种自然应激，遇天气突变或刮风、打雷、下雨等不利天气时不放牧（图9-1）。及时预防投药，放牧期主要预防的疾病包括寄生虫病（球虫病、鸡蛔虫病）、沙门氏菌病（鸡白痢）、大肠杆菌病、巴氏杆菌病（禽霍乱）、葡萄球菌病、曲霉菌病等，这些病原都是环境致病菌。其次是中毒性疾病和中暑，如食盐中毒、农药中毒、黄曲霉素中毒。在这些疾病中球虫病、霍乱及黄曲霉素中毒最为常见，应在改变环境条件的前提下做好预防。

图9-1　遇不利天气不放牧

2.应激预防

（1）气候突变：野外放牧最大的应激就是突然降温或升温，大雨、大风、沙尘暴、雷电、冰雹等，若不能及时回避可造成严重的应激死亡。油麻鸡放牧的适宜生长温度为18～22℃，湿度50%～60%，当天温差不超过10℃。如果环境温度夏季大于28℃，冬季低于5℃，对生长有影响。通过试验，油麻鸡可耐受的最高温度不超过45℃，湿度不低于30%，最低温度-20℃，环境超过45℃可造成中暑死亡，低于-20℃则生长停止，耗料量增大。规避气候应激（图9-2、图9-3），每天须注意天气预报，提前采取措施，做到：

①晴天放牧，阴雨天或恶劣气候时停止放牧。

②炎热天气供足饮水，搭建凉棚，把鸡赶在树阴下，对着鸡群吹风。也可以给鸡喷洒凉水、降低饲料能量、减小饲养密度等。

③寒冷天气应提高棚内温度。

④尽量保持鸡群安静，避免各种行为、声音引起的惊群。

⑤风雨天预防着凉感冒及呼吸道疾病感染。

图9-2　寒冷刺激　　　　图9-3　天气炎热张嘴呼吸

（2）管理应激：如驱赶、抓鸡、断水、缺料、野兽攻击、疾病等。

3.兽害预防

黄鼠狼、老鹰、蛇、野狗、獾等都是放牧鸡的天敌，可以在放牧地、栖息地周围设置防护网（图9-4），也可饲养猎狗、放置鼠夹或采用人工看护、人工驱赶等方法保护鸡群。也要预防犬猫攻击油麻鸡（图9-5）。

图9-4　防护网

4.防止农药中毒

放牧地禁止使用各种农药灭虫，禁止喷洒除草剂，禁止投放灭鼠药，禁止投放防鸟的毒饵，禁止放置消灭野兽的毒饵，防止鸡和人中毒（图9-6）。

图9-5　狗攻击鸡　　　　图9-6　营造安全环境

补饲饲料配制

1. 放牧期饲料营养

（1）能量饲料：粗纤维≤18%、粗蛋白≤20%，占鸡饲料日粮的60%，参考标准见表10-1。

表10-1 油麻鸡放牧期能量饲料添加表

类型	玉米	高粱	小麦	小米	大麦/燕麦	麦麸	油脂类	酒糟
占日粮比例（%）	50~70	5~15	10~20	15~20	10	10~30	3~5	15g/只

（2）蛋白质饲料：占日粮的10%~30%。参考标准见表10-2。

表10-2 油麻鸡放牧期蛋白饲料表

类型	大豆粕	花生粕	棉籽粕	菜籽粕	芝麻粕	葵花饼	鱼粉	羽毛粉
占日粮比例（%）	15~25	15~20	3~5	3~5	5~10	10~20	5~10	2~3

（3）矿物质：虽然放养环境下，矿物质不易缺乏，但为了促进生长，矿物质在饲料中占日粮的比例应不低于3%（表10-3）。

表10-3　油麻鸡放牧期矿物质饲料表

类型	骨粉或磷酸氢钙	贝壳粉/石粉	食盐	砂砾
占日粮比例（%）	1.5~2.5	2~3	1.5~3	1~2

（4）维生素：放牧鸡日采食绿叶饲料如果能达到30%左右，基本可满足自身需要，不需要饲料中添加过多维生素。

2. 放牧鸡自制饲料配方

产蛋鸡和育肥鸡自制饲料配方见表10-4和表10-5。

表10-4　产蛋鸡饲料配方

类型	玉米	麦麸	粕类	青草（菜叶）	食盐	其他
占日粮比例（%）	40~50	2~4	20	30~35	0.2	0~7.8

表10-5　育肥鸡饲料配方

类型	玉米	麦麸	粕类	青草（菜叶）	食盐	其他
占日粮比例（%）	50~55	2~4	15	30~40	0.2	—

由于油麻鸡还没有营养标准，因此建议在放牧期可选择购买商品厂家肉鸡饲料进行补饲，其营养标准与放牧鸡需要基本接近（图10-1）。

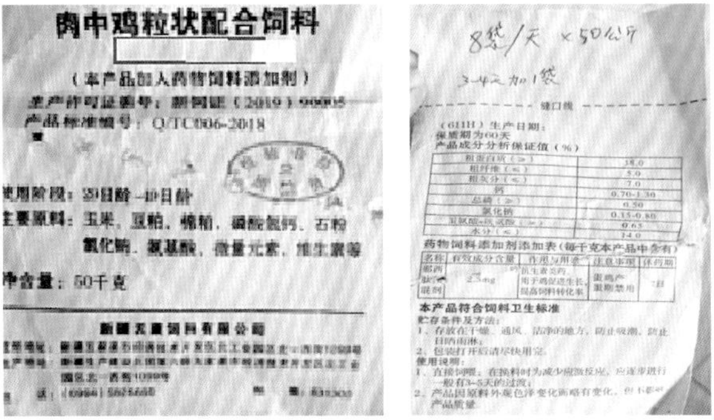

图10-1　肉鸡全价饲料

四季放牧要求

1. 春季

由于不同地区开春时节不同，树木发芽、草地返青时间不一，因此春季各地放牧的条件和时间也不完全相同，但是这时候大部分地区气温逐渐变暖，有充足的阳光照射和适宜的湿度，新鲜的空气有利于土鸡健康和饲养管理，因此适于散养（图11-1）。春季放牧须注意以下事项。

① 必须是较大的育成鸡，防止天气应激染病。

② 需要计算育雏时间，根据出圈放养时间，提前42天舍内育雏。

③ 防止"倒春寒"出现，根据圈外气温和昼夜温差，确定每日的放牧时间。

④ 由于是早春，野外放牧地缺少足够的青绿饲草，因此，在补饲精料的基础上要适量补充一些大棚中的青菜叶。

⑤ 春季天气回暖也有利于病原微生物繁衍，要做好疾病预防。

⑥ 根据各地区开春时节不同，春季放牧一般在3—5月。

⑦ 春季气候易变，防止大风、沙尘等。

图11-1　春季放牧油麻鸡

2. 夏季

根据各地气温炎热的程度和持续时间不同，夏季放牧须注意以下事项。

① 防止天气灾害。其中防暑是夏季管理的关键环节，其次是雷雨、冰雹等。

② 防止缺水和供水不足。应勤换水，防止饮水器暴晒。

③ 早晚天气较凉爽，实行早晚补饲。

④ 注意环境卫生，及时清除积粪、垃圾。

⑤ 控制蚊蝇，防止传病。

⑥ 定期（1～2次/天）清洗饮水器，防止细菌污染。

⑦ 防止饲料被雨淋而发霉。

⑧ 调节放牧时间，早晚放牧，中午归巢避暑休息。

⑨ 减小避暑棚（网）下聚集密度，缩小单元饲养量（图11-2）。

图11-2 夏季放牧油麻鸡

3. 秋季

由于光照时间逐渐缩短且天气湿度较大，特别是深秋季节牧草变黄，夜晚天气变凉，白天放牧时间比夏季短（图11-3）。因此，秋季放牧须注意以下几点。

① 补饲量加大，防止缺料影响生长。

② 放牧时间选在中午前后，早上迟放牧，晚上提前归巢。

③ 加快出栏，放牧鸡应在10月前全部出栏。

图11-3　秋季放牧油麻鸡

4.冬季

冬季不适于放牧，但是油麻鸡耐寒性能强，可根据各地冬季不同的温度，适时放牧（图11-4）。冬季放牧须注意以下事项。

① 自配饲料营养要全面，也可饲喂商品厂家的全价饲料。

② 补饲次数增加，早中晚补饲。

③ 补饲量要根据生长需要，保证每只鸡每天的生理和生长需要，正常生长期补饲，油麻鸡冬季每日消耗全价饲料125g左右。

④ 围严栖息棚圈，防止夜晚进风使鸡受凉。

⑤ 增加棚内温度，防止呼吸道疾病发生。

图11-4 南疆冬季放牧

十二 主要疾病防治

1. 中暑

（1）病因及症状：中暑是日射病和热射病的总称。鸡在烈日下暴晒引起头部血管扩张而引起脑及脑膜充血，发生日射病。油麻鸡与其他鸡一样无汗腺，体表被羽毛覆盖，靠呼吸、蒸发散热。闷热环境中，由于散热困难造成体内过热，引起中枢神经系统、循环系统、呼吸系统机能障碍从而发生热射病。发生中暑时，主要表现张口呼吸甚至喘息（图12-1）、呼吸困难、呼吸频率加快、眩晕、步态不稳、大量饮水、虚脱、严重时引起惊厥死亡。

图12-1　张嘴呼吸

（2）防治措施

① 油麻鸡在林下放养，夏季要有足够遮阴的树林，圈养或院内饲养、田间放养要搭建足够面积可供栖息的凉棚（图12-2、图12-3）。

② 舍内饲养应降低密度，加强通风，安装湿帘。

③ 油麻鸡在吐鲁番地区和南疆高温干旱地区放养，在极限高温季节环境温度>42℃时，可表现机体不适应症状，持续温度≥44℃就可造成中暑死亡，因此供足饮水，搭建草棚，将鸡赶入阴凉下，饮水中加入冰块，加大风流速度，用吹风机对着鸡群吹风，给地面洒水，在树阴下建池塘等都可有效降低中暑，特别是挖建足够大的地窖避暑效果更好。

图12-2　林下避暑

图12-3　防晒网避暑

2.恶食癖

（1）病因及症状：恶食癖也叫异食癖、啄癖，原因主要有以下几方面。

①饲养管理不良：密度大、空气质量差、光线强，特别是整个育雏期不能及时疏群，养成相互啄羽习惯，放牧期也难以改变（图12-4至图12-6）。

②饲料营养不全或不足：缺盐，饲料中氨基酸含量不足，矿物质、维生素、纤维含量低，或者喂料量不足，发生饥饿等。

③品种遗传，喜欢相互啄斗。

图12-4 密度大引起啄羽

图12-5 体内缺微量元素的油麻鸡

图12-6 放牧期尾羽被啄

④ 发生体外寄生虫病等。油麻鸡发生恶食癖的原因一方面与天性好动、喜相互打斗的遗传因素有关，另一方面主要是在放养期普遍饲喂原粮，饲料单一，日粮中缺少盐或矿物质、纤维、蛋白质等有关，也与南疆地区虱子、螨虫感染有关。育雏期一旦形成恶食癖习惯，在放养期难以改变。

（2）防治措施

① 主要是在育雏期加强管理。特别是饲养密度不能太大，舍内加强通风换气。放牧期补饲的自配料营养要全面，料中适当加入2%食盐、矿物质（硫酸亚铁）、羽毛粉、蛋氨酸、核黄素、啄肛灵等，生石膏（2%～3%）拌料10～15天效果较好。禁止将食盐加入水中饮用，因为鸡饮水量比采食量大，会越饮越渴，越渴越饮，从而引起食盐中毒。

② 圈养、院子散养、林下放养密度不能太大，要有充足的活动范围。

③ 油麻鸡食草性能好，每天应人工补充大量的青草、叶菜、绿树叶、胡萝卜等，既可补充维生素，也可转移鸡的注意力。

④ 恶食癖严重时，给每只鸡带鸡鼻环（图12-7），可彻底防止恶食癖。

图12-7　带鼻环鸡

3.鸡白痢（沙门氏菌病）

（1）病因及症状：发病主要在育雏期，与种鸡的净化、饲料和饮水带菌、育雏环境卫生、饲养密度、育雏期温度过低等有直接关系。鸡白痢引起的内脏病变见图12-8。种鸡净化不彻底，通过母体可垂直传播给子代，因此对种鸡必须在10～12周龄和开产前进行二次鸡白痢净化检疫，油麻鸡在3代杂交选育过程中，对每代次鸡都进行严格的鸡白痢检疫，淘汰阳性鸡，净化种鸡。育雏选用正规厂家饲料，育雏期饮水选用凉开水，造成鸡白痢病发生的主要原因是饲养环境污染及育雏温度过低、密度较大、舍内通风换气不良等。

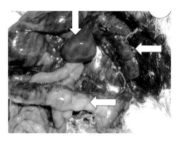

图12-8　鸡白痢内脏病变

（2）防治措施

① 接雏前对鸡舍环境（墙壁、地面、麦草、用具等）进行彻底消毒（图12-9）。

② 舍内育雏温度不低于标准温度，不造成着凉压堆。

③ 减小育雏密度，改变通风换气。

④ 减小其他细菌性疾病的发生，防止激发或混合感染。

⑤ 加强消毒，及时挑出病死鸡、白痢糊肛鸡，及时清理粪便，每天至少消毒2次。

⑥ 加强饮水卫生，整个育雏期最好饮用凉开水或者在饮用水中加入一定量漂白粉（4～5g/m³）。

⑦ 加强放牧区的卫生消毒，及时淘汰病鸡。

图12-9　营造卫生环境

4.致病性大肠杆菌感染

（1）病因及症状：虽然大肠杆菌血清型较多，但致病性大肠杆菌类型较少，鸡群感染或发生大肠杆菌病的直接原因与污染的饲料、饮水、环境有关。母鸡经消化道感染引起发病，可经过蛋壳传播给子代，也可与其他细菌性疾病、球虫病等混合发生，大肠杆菌感染时小鸡死亡率可达30%以上，主要症状是小鸡发生脑炎、大小鸡发生气管炎、肠炎（拉稀）、腹膜炎。放养油麻鸡特别要注意夏天饮水器长时间在太阳下暴晒或高温季节里饮水器不换水、不经常清洗，造成大量大肠杆菌滋生，或者饮用不洁雨水、涝坝水、碱沟水等，造成鸡饮用后发生腹泻、拉绿便等。

（2）防治措施

①防止饲料、水源污染，及时清除开食盘、料桶或料槽中的鸡粪便，定期对饮水器进行清洗（每天1次）消毒（高锰酸钾）。防止饮水器中的剩水在太阳下直晒而滋生大量细菌，防止料槽中饲料浸水发酵，饮用凉开水，放牧期饮用加入漂白粉的井水。

② 加强育雏期管理，保持舍内温度、湿度、密度，减少各种应激。

③ 药物进行针对性防治，可加在饲料或饮水中。

④ 加强环境卫生，及时清除粪便（图12-10）。

图12-10　保持环境清洁

5. 禽霍乱（禽巴氏杆菌病）

（1）病因及症状：主要是多杀性巴氏杆菌引起的传染性、接触性疾病，又名禽霍乱或禽出败，发病急、发病率高、死亡率高，小鸡育雏期与舍内环境温度、湿度、密度过大及通风不良等应激有关，油麻鸡在放牧期间发生此病多与天气突然变化，如高温、刮风下雨、潮湿、拥挤等突然的重大应激有关，发病时，拉绿色或黄色稀粪便，鸡冠、肉髯呈青紫色，解剖发现鸡肝脏青铜色或发绿。急性时突然大批量死亡，症状表现不明显。

（2）防治措施

① 加强育雏舍内环境控制，经常通风换气，保持标准温度、湿度、密度，减少各种突发应激。

② 油麻鸡在放牧期间要备有足够面积的避风、防雨、防沙、防晒的棚舍，天气突变时要及时将鸡赶到棚内。

③ 发生重大应激时，可用抗菌药物预防，放牧鸡在气候多变的季节，可在补饲的料中加入抗菌药进行预防。

④ 加强管理。油麻鸡在放牧期间受到自然灾害应激时，应加大每日的补饲量，可临时更换粉状全价料补饲，提高饲料营养。

⑤ 发病期停止放养，消除应激。

⑥ 及时清除粪便，加强舍内和环境消毒，保持环境干燥（图12-11）。

图12-11 保持环境干燥

6. 曲霉菌病

（1）病因及症状：由发霉饲料、发霉垫料、发霉麦草等引起的群发病，主要是烟曲霉、黄曲霉、黑曲霉，小鸡主要是急性爆发，死亡率较高，成鸡多表现为慢性，曲霉菌毒素可引起神经症状。

（2）防治措施

① 喂新鲜饲料，不喂过期发霉料。

② 铺垫新的清洁、干燥的垫料，防止垫料浸水霉变，防止饲料浸水霉变。油麻鸡在放牧期禁止补饲存放时间长的发霉、变味的原粮（玉米、大麦、小麦及副产品等）。

③ 改善环境。加强通风换气，防止舍内、棚内漏水，控制舍内湿度（图12-12）。

④ 气候潮湿地区，在春、秋季节，要加强舍内通风，提高舍内温度，防止潮湿引起霉变。避免梅雨季节放牧，放牧时间应选天气晴朗的时候进行舍外放养（图12-13）。

⑤ 饮水中可加入硫酸铜，用1∶（2 000～3 000）的溶液饮水3～4天。

⑥ 药物治疗，可在饲料中加入制霉菌素，雏鸡3～5mg/只，育成鸡15～20mg/只，拌料3～5天，或水中加入碘化钾饮水5～10天。

图12-12　保持舍内卫生　　　图12-13　晴好天气放牧

7. 球虫病

（1）病因及症状：鸡球虫病对雏鸡的危害性比较严重，饲养管理不良是引起鸡球虫病的直接因素，特别是环境（鸡舍）潮湿、拥挤、卫生条件差时易发生球虫病，如冬季或初春时节育雏，由于天气冷、舍内温度低，舍内垫料潮湿、空气湿度较大，高床网上育雏比地面育雏发病率低。发病鸡初期拉咖啡色粪便，后期以拉血为主要症状，解剖病鸡盲肠糜烂（图12-14），若不及时救治，致死率可达到50%以上。放牧鸡发病，主要原因是放养环境潮湿，下雨或梅雨季节、集中饲养密度过大、环境卫生较差等因素引起。放牧鸡抵抗力较雏鸡强，死亡率较低。

图12-14　病鸡解剖

（2）防治措施

① 最好网上育雏。改变舍内环境，小鸡舍采用网上育雏（图12-15），温度、湿度、密度按照育雏期要求，加强舍内通风。地面育雏应勤换垫料，鸡舍环境较差时要及时转群。油麻鸡放牧阶段，应减少在潮湿、多雨、梅雨期、气温低、阴天的时节放牧。

② 加强消毒。用球杀灵和1∶200的农乐溶液消毒鸡舍及放养地环境，并及时清除鸡粪便，及时挑出病鸡，对污染的放牧

地面洒石灰粉可起到吸水、防潮和消毒作用（图12-16）。

③ 预防措施。用药预防，可根据舍内饲养环境及放牧地环境、鸡群状况等决定。鸡球虫种类多，易产生抗药性，因此应交替用药，如果地面育雏环境较差难以改变时，可在15日龄后开始用药预防。

图12-15　网上育雏　　　　图12-16　地上洒石灰粉

8.黄曲霉毒素中毒

（1）病因及症状：由黄曲霉菌产生的毒素引起，小鸡特别是2～6周龄时最敏感，中毒后以危害肝脏为主，影响肝功能，引起肝脏病变、出血坏死、硬变，腹水，脾脏肿大，同时黄曲霉毒素有致癌作用。

（2）防治措施

① 保管好饲料。饲料间通风换气，防止霉变，发现饲料有酸味、异味、霉变时应立即停喂（图12-17）。禁止给放牧鸡饲喂陈仓原粮（玉米、麦子等）或已发霉变质原粮。

② 可用福尔马林对储存的饲料进行熏蒸。

③ 只能以辅助疗法为主，没有特效解毒药，发现黄曲霉毒素中毒后，立即停喂霉变料，用5%葡萄糖水给鸡饮水。

④ 对霉菌环境进行消毒，死亡、中毒的鸡要销毁，鸡的粪便（含有毒素）要无害化处理。

图12-17　查看饲料是否发霉

参考文献

李四伍，袁立岗，石琴，等，2020. 油麻鸡育雏期饲养管理技术
[J]. 养禽与禽病防治（4）：42-44.

刘益平，2005. 果园林地生态养鸡技术[M]. 北京：金盾出版社.

石琴，袁立岗，蒲敬伟，等，2020. 油麻鸡疾病预防技术[J]. 中
国畜禽种业（2）：182-183.

石琴，袁立岗，蒲敬伟，等，2021. 油麻鸡放养阶段的饲养管理
[J]. 中国畜禽种业，17（3）：179-180.

魏刚才，刘俊伟，2011. 山林果园散养土鸡新技术[M]. 北京：化
学工业出版社.

袁立岗，石琴，柳炜，等，2017. 林下生态养鸡技术与管理[J].
中国畜禽种业（11）：149-150.

袁立岗，石琴，蒲敬伟，等，2018. 油麻鸡在吐鲁番地区林下养
殖的效果[J]. 中国禽业导刊（22）：47-48.

袁立岗，石琴，蒲敬伟，等，2020. 油麻鸡的杂交选育[J]. 新疆
畜牧业（1）：20-22.

后　记

育雏期油麻鸡采用封闭式饲养，饲喂多价配合饲料，采用统一饲养模式和管理标准，饲养技术、疾病预防技术相对统一，放牧期油麻鸡饲养于不同地区、不同季节、不同环境，管理方式和补饲条件不同，很难制定统一的养殖标准，但是其适应性、抗病性比较强，更适于放牧模式饲养，只要饲养人员总结经验，减少各种应激和不利因素，就能够达到预期的养殖效果。

作为一种杂交新品系，油麻鸡的育种和生态养殖技术还需要不断总结完善。